나라마다 시간이 다른 건 왜일까?

우리는 어떻게 지구 반대편에 사는 사람과 통화하고,

외국에서 열리는 스포츠 경기를 볼 수 있는 걸까?

그건 바로 네트워크 때문이란다.

나의 첫 지리책 4

왜 나라마다 시간이 다를까?

세계와 네트워크

최재희 글 | **임광희** 그림

OK! Let's end the meeting.
See you soon, Bye!
(네, 회의는 이것으로 마치겠습니다!
또 뵙겠습니다.)
오전03:00
앗! 지유야.
이 시간에 어쩐 일이니?

아빠,
화장실에 가려고 깼어요.
밤중인데 아빠 목소리가 들리길래
깜짝 놀라서 와 봤어요.
이런, 괜히 아빠 때문에
잠에서 깬 것 같아
미안하구나.

참, 좀 전에
누구와 얘기하셨던
거예요?
영국에 있는 아빠의 동료들이야.
요새 아빠가 다니는 회사가 영국에서
새로운 일을 시작했거든.

영국이라면 지구본에서 본 적 있어요.

저 멀리 유럽에 있는 섬나라!

그렇게 멀리 있는 사람하고 어떻게 이야기해요?

그리고 왜 이렇게 늦은 밤에 회의를 해요?

지유의 호기심이 발동하면 누구도 말리기 힘들지.

좋아! 마침 이제 주말이니 하루 정도는 늦게 자도 괜찮을 것 같구나.

그래, 무엇이 궁금하니?

음, 우선 어째서 새벽에 회의를 하는지 궁금해요!

낮에 해도 될 텐데 말이에요.

그건 지금 영국은 저녁 6시라서 그렇단다.

우리나라는 영국보다 9시간 빠른 시간을 쓰고 있거든.

아빠, 무슨 말인지 잘 이해가 안 돼요.
어떻게 시간이 달라요?
그럼 우리나라보다 시간이 느린 나라가 있고,
시간이 빠른 나라도 있다는 건가요?
너의 궁금증을
제대로 풀어 줘야겠구나.
지리 선생님으로 변신, 뾰로롱!

우리가 주로 활동하는 '낮'은 태양으로부터 환한 햇빛을 받는 때를 말해.

반대로 햇빛을 받지 못하는 때를 '밤'이라고 부르지.

낮과 밤이 생기는 까닭은 바로 지구가 팽이처럼 빙글빙글 돌기 때문이야.

태양은 아침이 되면 나타나고 밤에는 사라지지?

낮에도 시간에 따라 위치가 달라지고 말이야.

하지만 실은 우주에서 태양은 늘 같은 자리에 있단다.

지구가 매일 한 바퀴씩 돌고 있기 때문에

태양이 움직이는 것처럼 보일 뿐이지.

자, 여기 스마트 지구본을 보렴.
지구의 절반 정도가 햇빛을 받아 밝지만,
나머지 절반은 어둡지?
지도에서 우리나라와 영국을 찾아보겠니?
네! 우리나라는 어두운 밤!
그리고 영국은 밝은 낮이에요!

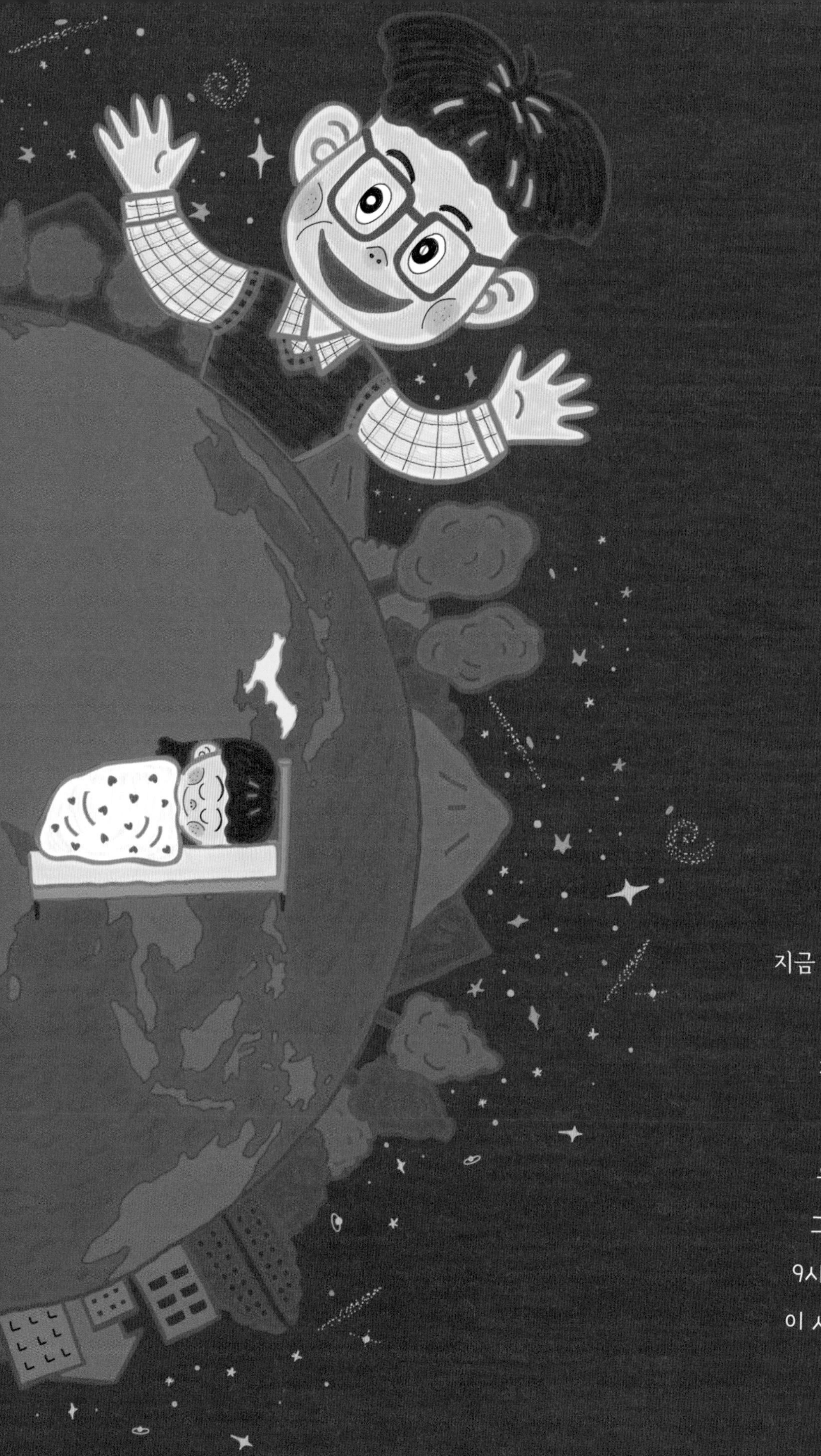

그래, 맞아!
지금 우리는 깜깜한 새벽이지만,
영국 사람들은 이제 곧
저녁 식사를 할 시간이란다.

우아, 신기하고 재미있어요!
그런데 우리나라가 영국보다
9시간이 빠르다고 하셨잖아요.
이 시간은 어떻게 정한 건가요?

자, 그건 지금부터 설명해 줄게.

요즘은 다른 나라에서 온 물건을 쉽게 볼 수 있지?

여러 나라가 식품이나 옷, 전자 제품 등을 사고팔면서

돈, 사람, 물건 등이 활발하게 오가고 있단다.

국제 표준시

시드니
1월 1일
오후 11시

뉴욕
12월 31일
오후 8시

런던
1월 1일
오후 1시

두바이
1월 1일
오후 5시

도쿄
1월 1일
오후 10시

그런데 나라마다 마음대로 시간을 정해서 쓴다면
문제가 생길 수밖에 없어.

예를 들어, 우리 회사가 미국의 물건을
정확히 몇 년, 몇 월, 며칠, 몇 시에 받고 싶은데,
미국에 있는 회사에게
우리가 원하는 정확한 시간을 설명할 수가 없는 거야.
이러면 물건을 사고팔기가 너무 힘들겠지?

그래서 세계 누구나 이해할 수 있는,
그야말로 기준이 되는 시간이 필요했단다!
그걸 **국제 표준시**라고 부르지.

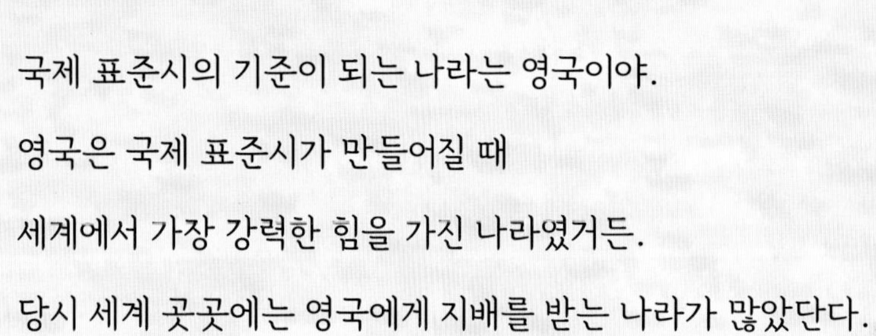

국제 표준시의 기준이 되는 나라는 영국이야.

영국은 국제 표준시가 만들어질 때

세계에서 가장 강력한 힘을 가진 나라였거든.

당시 세계 곳곳에는 영국에게 지배를 받는 나라가 많았단다.

'해가 지지 않는 나라'라는 별명을 가질 정도였지.

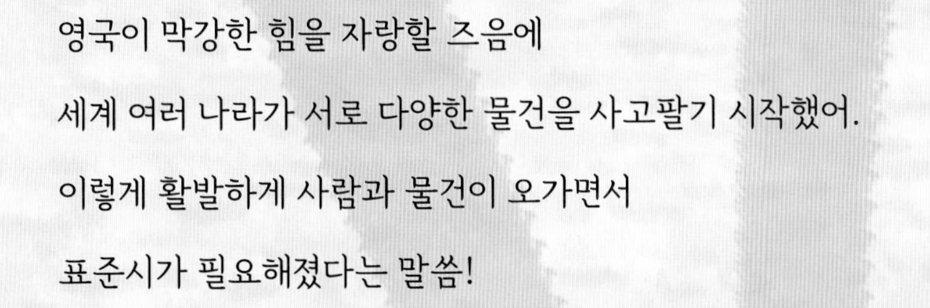
영국이 막강한 힘을 자랑할 즈음에
세계 여러 나라가 서로 다양한 물건을 사고팔기 시작했어.
이렇게 활발하게 사람과 물건이 오가면서
표준시가 필요해졌다는 말씀!

그렇다면 '해가 지지 않는 나라'라는 별명은 세계 여기저기에 영국이 지배하는 땅이 많아서 항상 낮인 곳이 있다는 뜻에서 붙여진 건가요?
그래, 맞아! 정확하게 이해했구나.

자, 그럼 이제 표준시를 어떻게 정하는지 알아볼까?
다시 스마트 지구본을 보렴.
여기서 설정에 들어가서 '위선과 경선'을 넣어 볼게.
짜잔! 지구에 가로, 세로로 많은 줄이 그려졌지?
이 줄은 두 가지 종류란다.
위선

우선 가로로 그어진 것은 **위선**이야.

위선은 위도라는 값을 잴 때 사용한단다.

북극과 남극이 연결되도록 지구 표면에

그어진 세로선이 **경선**이야.

표준시를 정할 때 사용하는 것이 바로 이 경선이란다.

위도는 세계의 기후를 구분하는 데 쓰인단다.

세계 여러 나라 사람의 옷을 떠올려 볼래?

뜨거운 열대 지역과 건조한 사막, 따뜻한 온대,

추운 냉대와 한대 지역 사람들은 모두 다른 모습이지?

사람들의 옷차림에 영향을 주는 게 위도라는 것을 기억하렴.

경도는 북극점과 남극점을 반드시 지나는 커다란 가상의 원을 그린 것이란다.

세로선으로 지구를 일정한 간격으로 나누었지.

자, 여기서 잠시 수학 시간! 나누기는 좀 어려우니 아빠가 해 볼게.

지구는 공처럼 둥근 원 모양이고, 원의 한 바퀴는 360도야.

그리고 우리의 하루는 24시간이지.

동그란 케이크를 24조각으로 자른다고

생각해 볼까? 360을 24로 나누면 15야.

즉, 한 시간은 15도의 경도 값을 가진단다.

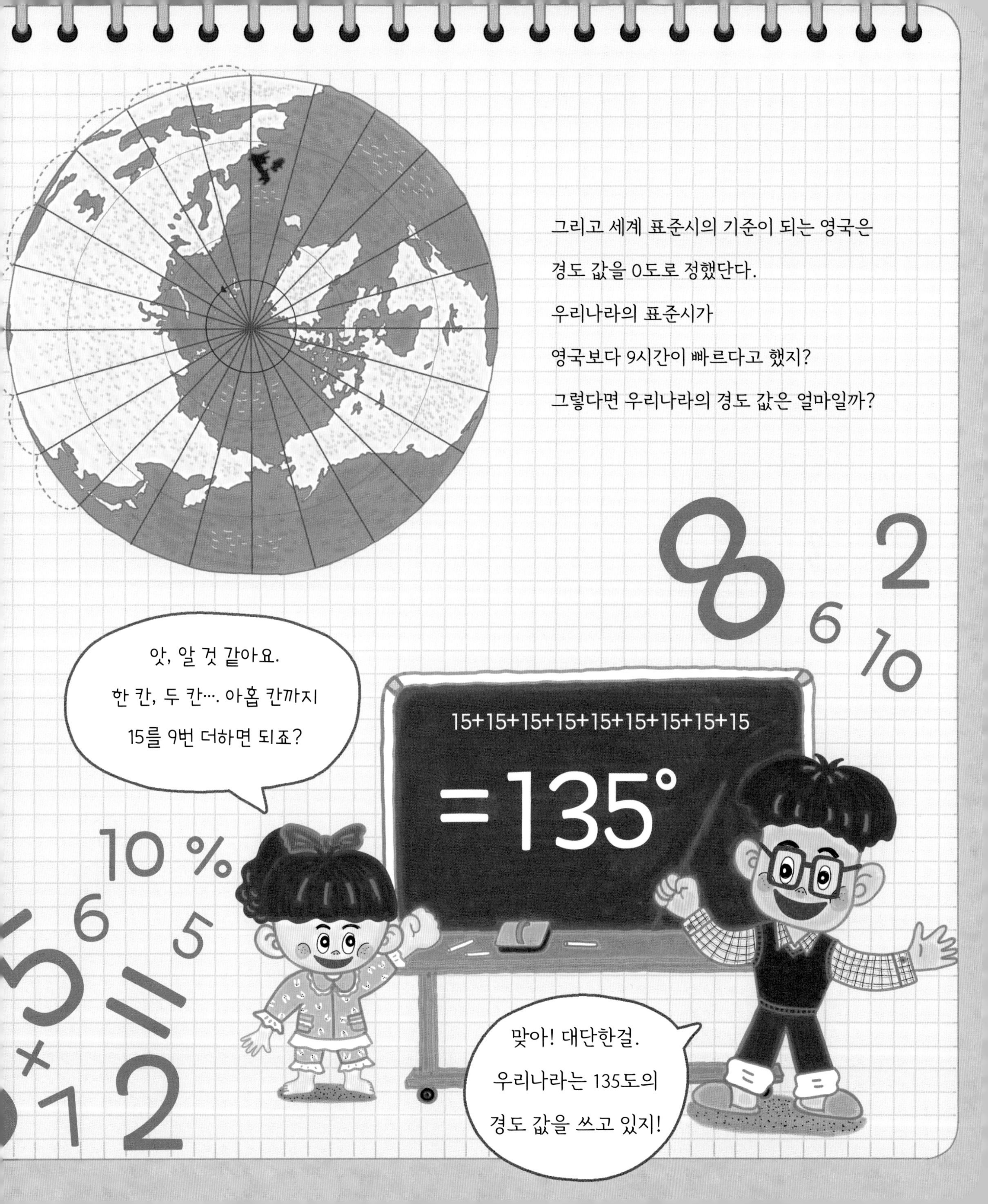
그리고 세계 표준시의 기준이 되는 영국은
경도 값을 0도로 정했단다.
우리나라의 표준시가
영국보다 9시간이 빠르다고 했지?
그렇다면 우리나라의 경도 값은 얼마일까?
앗, 알 것 같아요.
한 칸, 두 칸…. 아홉 칸까지
15를 9번 더하면 되죠?
15+15+15+15+15+15+15+15+15
=135°
맞아! 대단한걸.
우리나라는 135도의
경도 값을 쓰고 있지!

Quiz
아빠, 재미있어요!
다른 문제도 내주세요!
좋아, 다음 문제!
우리나라는 어째서 영국보다
시간이 빠른 걸까?
아, 그건…
그냥 그렇게
약속한 게 아닐까요?
실은 잘 모르겠어요.

정답이야! 세계 표준시의 기준을 영국으로 약속했듯,
영국을 기준으로 동쪽은 영국보다 시간이 빠른 곳,
서쪽은 영국보다 시간이 느린 곳이라 약속했단다.
해가 동쪽에서 뜬다는 것을 생각한다면
아무래도 동쪽에 있는 나라들의 시간이
더 빠르다고 보는 것이 편했을 테지.

Quiz
자, 그럼 마지막 문제!
옆 나라 일본은 우리나라와
시간이 같단다. 왜일까?
지금까지 이야기했던 걸 떠올리면,
우리나라와 같은 표준시를
쓰고 있기 때문인 것 같아요!
맞아! 일본은
우리나라와 같은 표준시를
쓰고 있어서 여행 갈 때 시간 차이를
신경 쓸 필요가 없지.
135°

하지만 영국으로 여행을 간다면 밤낮이 바뀌겠지?
아빠가 영국 사람과 회의할 때처럼 말이야.
이젠 아빠가 왜 새벽에 회의를 해야 했는지
네가 정확하게 이해했을 것 같구나.

아빠, 이야기가 너무 재미있어요!
참, 또 다른 궁금증도 생겼어요!
영국은 이렇게나 멀리 있는데
어떻게 영국 사람과 통화할 수 있나요?

우리 지유가 갈수록 탐구력이 높아지는걸?

좋아, 내친김에 이것도 함께 알아보자.

자, 우선 아빠가 모니터에 띄운 화면을 볼까?

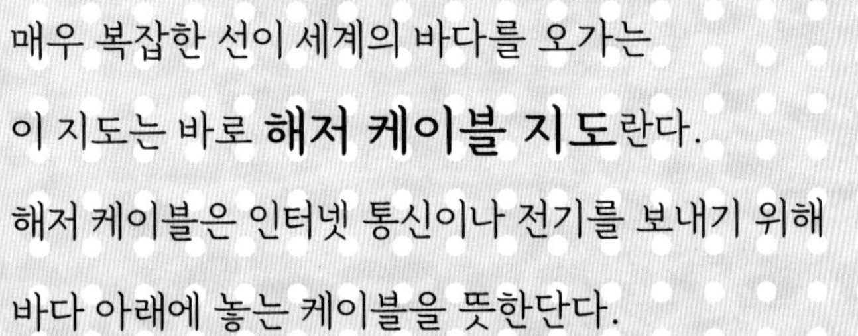

매우 복잡한 선이 세계의 바다를 오가는
이 지도는 바로 **해저 케이블 지도**란다.
해저 케이블은 인터넷 통신이나 전기를 보내기 위해
바다 아래에 놓는 케이블을 뜻한단다.

그래, 맞아.

해저 케이블은 세계의 수많은 나라와 사람들을

인터넷으로 연결해 주는 매우 중요한 도구란다.

그물망처럼 얽힌 해저 케이블은
곧 세계가 하나의 **네트워크**로 묶여 있다는 뜻이기도 하단다.
세계 사람들이 실시간으로 문자와 사진을 주고받을 수 있는 것,
아빠처럼 저 멀리 떨어진 나라의 사람들과 회의를 할 수 있는 것,
이런 모든 일이 가능한 까닭이지.

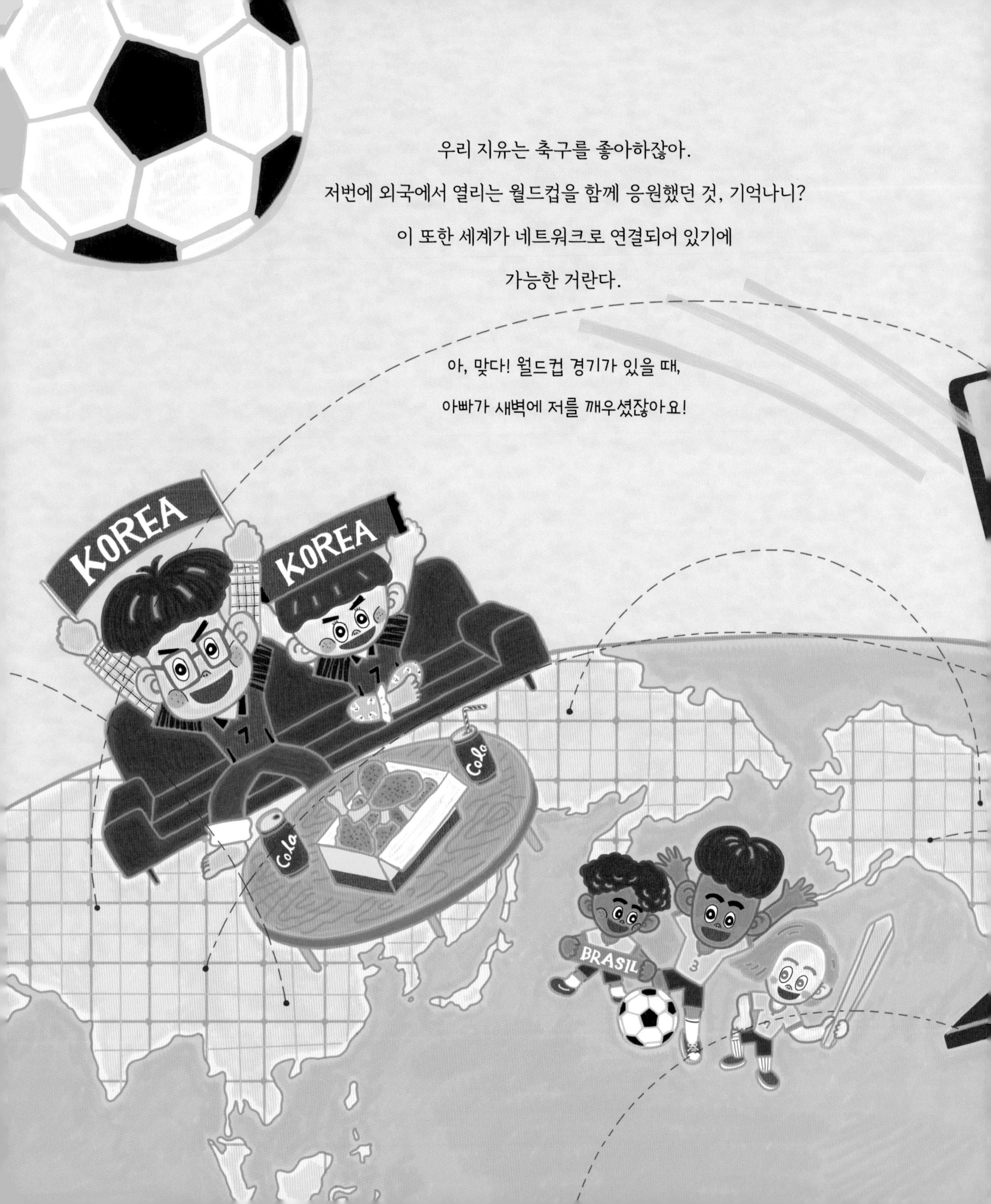

우리 지유는 축구를 좋아하잖아.

저번에 외국에서 열리는 월드컵을 함께 응원했던 것, 기억나니?

이 또한 세계가 네트워크로 연결되어 있기에

가능한 거란다.

아, 맞다! 월드컵 경기가 있을 때,

아빠가 새벽에 저를 깨우셨잖아요!

우리가 유럽 축구 리그의 경기를
인터넷으로 볼 수 있는 것도
세계가 해저 케이블로 촘촘하게 연결되어서 가능한 일이란다.
그러고 보니 이제부턴 해외에서 열리는 경기를 보려면
몇 시에 텔레비전을 켜야 하는지 지유가 직접 계산할 수 있겠는걸?

아빠, 아까부터 네트워크라는 말을 쓰셨어요.

네트워크가 정확히 무슨 뜻이에요?

앗, 요즘 네트워크란 말이 흔히 쓰이다 보니,

미리 설명하는 걸 깜빡했구나.

아까 본 해저 케이블이 촘촘한 그물망같이 얽혀 있었지?

네트워크란 그렇게 얽히고설킨 연결망을 뜻한단다.

너와 아빠, 너와 친구들도 실은 서로 관계를 맺으며

네트워크를 이루고 있다고도 볼 수 있지.

이런 네트워크가 세계로 확장되면 글로벌 네트워크가 되겠지?

마지막으로 **세계 항공 노선 지도**를 보렴.

비행기가 오가는 길을 표시한 지도란다.

해저 케이블 지도 못지않게 선들이 빽빽하지?

지금도 세계 하늘에는 엄청나게 많은 비행기가

사람과 물건을 싣고 날아가고 있단다.

그래서 비행기가 뜨고 지는 공항도

세계를 연결하는 네트워크의 중심이라고 할 수 있지.

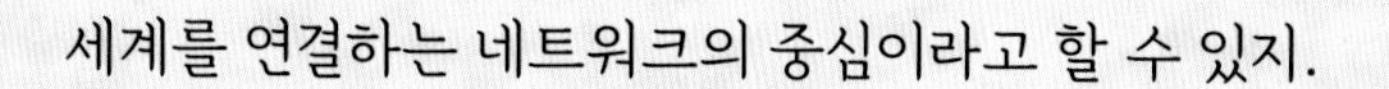

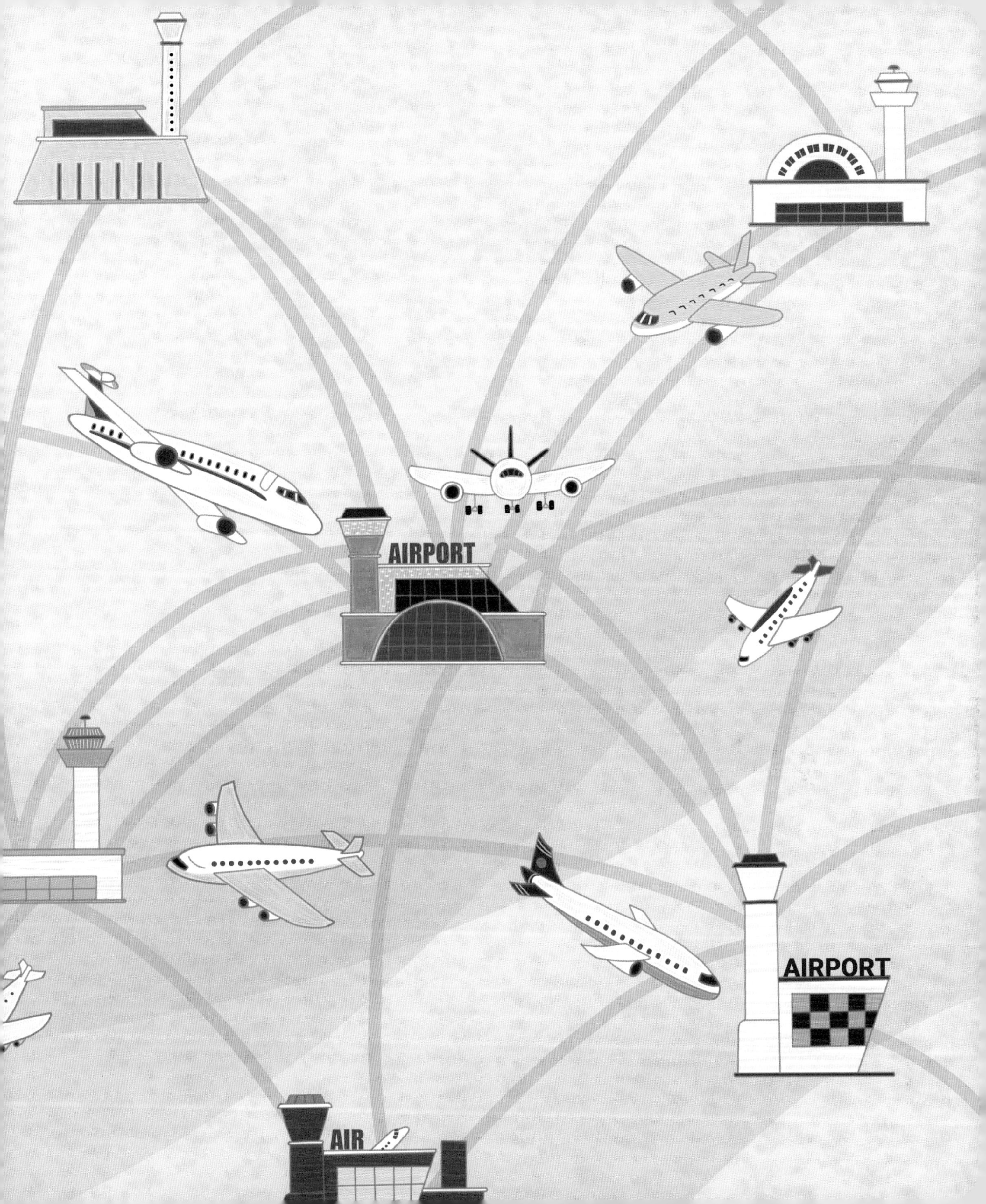
AIRPORT
AIRPORT
AIR

얼마 전 세계를 두려움에 떨게 했던 코로나바이러스감염증-19도 그래.
사람에서 사람으로 옮는 병이 순식간에 세계로 퍼져 버린 것도
오늘날 세계가 네트워크로 강하게 묶여 있기 때문이었지.
그러고 보면 네트워크로 묶인 세계가
정말 대단하면서도 한편으로는 무섭기도 해.

전 세계가 같은 반 친구들처럼

좋은 일도 나쁜 일도 함께 겪는 거네요?

이제 지구본에서만 보던 나라들이 엄청 가깝게 느껴져요.

저도 나중에 크면 아빠처럼

세계 여러 나라 사람과 함께 일하고 싶어요!

멋지구나, 아빠가 응원하마!

똑똑한 세계 지도 탐험

세계 시간 지도

부모님과 함께 세계 시간 지도를 살펴보세요.
'timeanddate' 홈페이지를 방문하면 세계 여러 곳의 시간을
하나씩 클릭해 가면서 구경할 수 있답니다.
영국을 지나는 시간대를 기준으로 우리나라 쪽으로 가면 플러스(+),
미국 쪽으로 가면 마이너스(-) 표시가 보입니다.

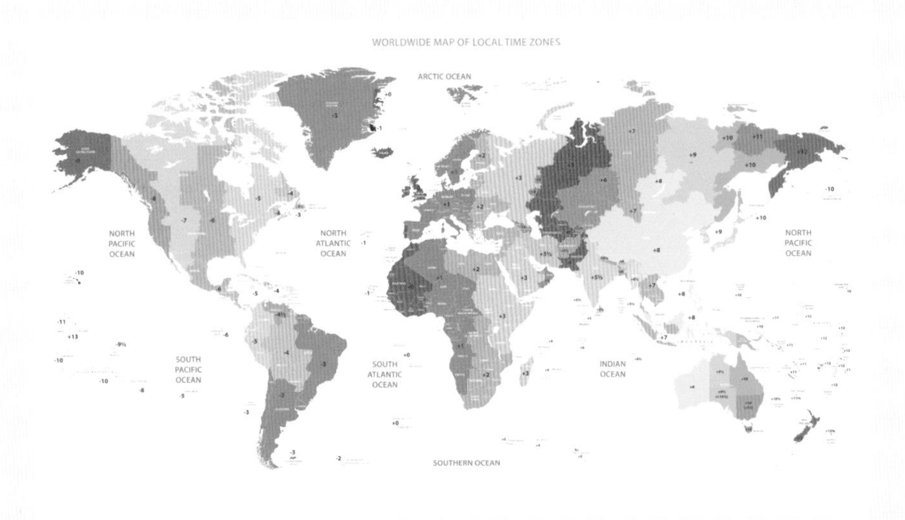

timeanddate ▾ www.timeanddate.com/time/map/

구글 어스 지도

Google Earth ▾ earth.google.com

컴퓨터나 스마트 기기로 '구글 어스'를 찾아 실행시켜 보세요.
'세계에서 가장 정교한 지구본'이라는 구글 어스는
지구 전체의 위성 사진을 제공하는 프로그램입니다.
이 지구본에서는 세계가 낮인 지역과 밤인 지역으로 나뉘는 걸
쉽게 알아볼 수 있지요.
이를 통해 지구가 태양의 주변에서 스스로 돌고 있단 사실을
실감할 수 있답니다.

실시간 항공기 지도

세계의 비행기가 있는 곳을 실시간으로 알려 주는
홈페이지에 방문해 보세요.
하늘에 떠 있는 수많은 비행기에 깜짝 놀라는 한편,
세계가 얼마나 촘촘히 연결되어 있는지 느낄 수 있습니다.
만약 부모님께서 해외 출장을 가신다면
부모님을 태운 비행기가 어디쯤 가고 있는지 볼 수 있지요.
궁금한 비행기를 직접 클릭하면
비행기에 관한 다양한 정보도 알 수 있답니다.

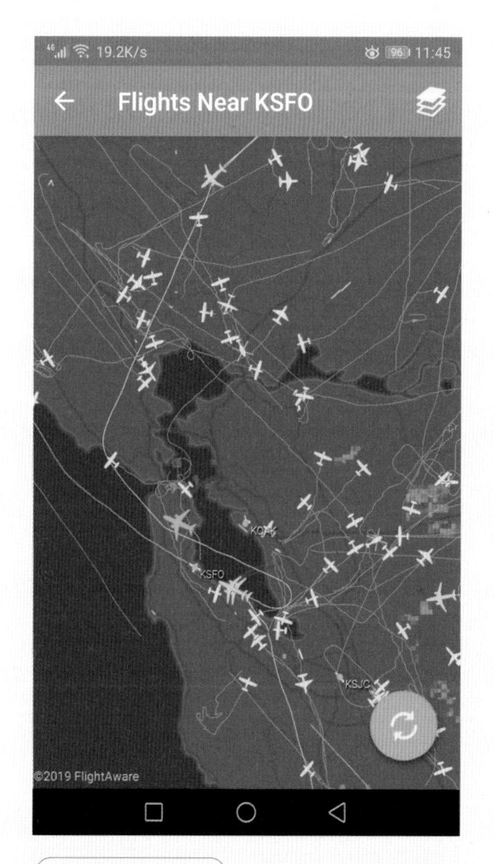

flightaware ▾ ko.flightaware.com/live/map

네트워크로 연결된 세계

미국에서는 위험에 처하면 빠르게 911로 전화합니다.
우리나라에서 119로 전화하는 것처럼요.
만약 미국에서 새벽에 911에 연락하면 응급 센터 직원이 전화를 받습니다.
하지만 그 직원은 미국에 있는 사람이 아닐 수도 있습니다.
미국이 늦은 밤이나 새벽일 때, 지구 반대편 나라들은 아침이거나 낮이지요.
그런 나라에 전화 센터를 두면 어떨까요?

응급 센터 상황실의 모습

밤에는 지구 반대편에 있는 사람들이 대신 전화를 받으면
사람들이 늦은 시간까지 일하지 않아도 되는 장점이 생깁니다.
여러 나라에 회사를 세워 활동하는 기업들을 '다국적 기업'이라고 부르는데,
이런 기업들도 시차를 이용합니다.
미국과 약 12시간 정도 시차가 나는 동남아시아와 인도 등에
다국적 기업의 전화 업무를 대신해 주는 센터를 세우는 것이지요.
이러한 전화 업무 외에도 다국적 기업들은 여러 나라를 넘나들며
다양한 일을 협력하고 있답니다.
여러분이 꿈을 펼칠 미래에는 세계가 훨씬 더 긴밀하게 연결되어
함께 일하고 교류하게 되겠지요.

다양한 나라 사람이 함께 참여할 수 있는 영상 회의 프로그램

글 최재희

서울 휘문고등학교 지리 교사입니다. 좋은 글을 쓰는 데 관심이 많습니다. 지은 책으로 《스포츠로 만나는 지리》, 《복잡한 세계를 읽는 지리 사고력 수업》, 《바다거북은 어디로 가야 할까?》, 《이야기 한국지리》, 《이야기 세계지리》, 《스타벅스 지리 여행》 등이 있습니다.

그림 임광희

홍익대학교에서 시각디자인을 전공하고 한국일러스트레이션학교(HILLS)에서 일러스트레이션을 공부했습니다. 어린이들의 마음을 세심하게 다루고 용기와 희망을 주는 그림책을 만들기 위해 노력하고 있습니다. 쓰고 그린 책으로 《가을 운동회》가 있고, 그린 책으로는 《금동이의 김장잔치》, 《꿈이 사라진 날》, 《승승 형제 택배 소동》, 《달빛 용사 병정개미 두리번》, 《변신 비누》 등이 있습니다.

나의 첫 지리책 4 – **왜 나라마다 시간이 다를까?**

1판 1쇄 발행일 2024년 12월 23일

글 최재희 | **그림** 임광희 | **발행인** 김학원 | **편집** 이주은 | **디자인** 기하늘

저자·독자 서비스 humanist@humanistbooks.com | **용지** 화인페이퍼 | **인쇄** 삼조인쇄 | **제본** 다인바인텍

발행처 휴먼어린이 | **출판등록** 제313-2006-000161호(2006년 7월 31일) | **주소** (03991) 서울시 마포구 동교로23길 76(연남동)

전화 02-335-4422 | **팩스** 02-334-3427 | **홈페이지** www.humanistbooks.com

사진 출처 flightaware ⓒ Sarah J / Flickr / CC BY-ND 2.0

응급 센터 ⓒ Pöllö / Wikimedia Commons / CC BY-SA 3.0

영상 회의 ⓒ TimBaliandr / Wikimedia Commons / CC BY-SA 4.0

ISBN 978-89-6591-596-6 74980

ISBN 978-89-6591-592-8 74980(세트)